Wölfe

Ein Begleiter durch die Wanderausstellung
des Staatlichen Museums für Naturkunde Görlitz

Foto: U. Anders

Inhaltsverzeichnis

Staatsminister Stanislaw Tillich

Wolfswelpen in freier Natur wären noch vor 10 Jahren in Sachsen nicht vorstellbar gewesen. Heute ist es die jährliche Bestätigung für die dauerhafte Rückkehr des Wolfes in einen naturnahen Lebensraum unseres Landes. Dank internationaler und nationaler Schutzbemühungen besiedeln Wölfe wieder Lebensräume, die sie vor Jahrzehnten oder Jahrhunderten verlassen haben. Mit ihrer Wiederkehr kommen aber auch viele Fragen und Vorurteile zurück, die die Menschen im Zusammenleben mit dem Wolf haben. Die über Jahrhunderte gewachsene Angst vor dem »bösen Wolf«, der bis in das 19. Jahrhundert durch das Reißen von Haustieren, Familien in Not und Elend stürzen konnte, ist leider noch nicht überwunden.

Die Aufklärung über den Wolf und seine Lebensgewohnheiten nach den neuesten wissenschaftlichen Erkenntnissen ist die Voraussetzung für seine Akzeptanz in der Bevölkerung. Das detaillierte Wissen darüber ermöglicht uns, ihn in seinem Verhalten in der Natur richtig bewerten und alte Vorurteile ausräumen zu können.

Die Rückkehr der Wölfe begleiten wir in Sachsen mit intensiver Öffentlichkeitsarbeit, um dem überholten negativen Klischee des Wolfes zu begegnen. Die Nachbarschaft zum Wolf stellt uns vor neue Herausforderungen, denen wir uns stellen müssen. Unser sächsisches Wolfsmanagement will aufklären, Ängste nehmen und die Menschen in der Wolfsregion hilfreich durch gezielte präventive Maßnahmen zum Schutz unserer Haus- und Nutztierbestände unterstützen.

Ich begrüße diesen Beitrag zur sachlichen Darstellung des Themas »Wolf« in der Bevölkerung und hoffe, dass er zur Verbesserung der Lebensgemeinschaft Mensch und Wolf beitragen kann.

Stanislaw Tillich
Sächsischer Staatsminister für
Umwelt und Landwirtschaft

Wölfe

Wölfe waren auf der Nordhalbkugel einst weit verbreitet. Der Mensch bekämpfte sie Jahrhunderte lang und rottete sie in einigen Ländern Europas aus, unter anderem in Deutschland, Österreich, Schweden, den britischen Inseln und der Schweiz.

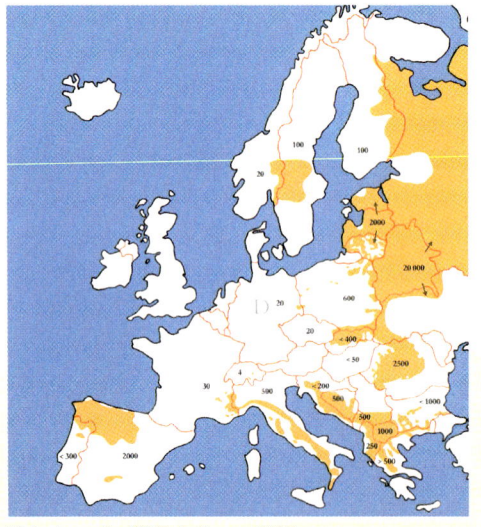

Verbreitung der Wölfe in Europa 2006

Langsam dringt der Wolf in Mitteleuropa wieder in Gebiete vor, aus denen er vor vielen Jahren verschwand. Diese Vorstöße sind nicht neu, es gab sie schon immer. Es sind die Versuche der Jungwölfe, in unbesetzten Gebieten jenseits der elterlichen Territorien Fuß zu fassen. Reviergründungen sind aber nur dort erfolgreich, wo ausreichend Platz und Nahrung vorhanden sind und der Mensch den Wolf duldet. Moderne Gesetze zu ihrem Schutz haben in Europa in den letzten Jahren die Rückkehr der Wölfe unterstützt.

Im Osten Deutschlands, in der Lausitz, ziehen wilde Wölfe seit 2000 regelmäßig Welpen auf. Seit 2005 gibt es zwei Wolfsfamilien, das Muskauer Heide und das Neustädter Rudel. Im polnischen Teil der Lausitz leben nach vorsichtigen Schätzungen zwei weitere Rudel.
Der Grenzfluss Neiße stellt keine Barriere für die Wölfe dar und Grenzgänger wirken bei der Gründung neuer Familien mit. Die Lausitzer Wölfe beiderseits der Neiße gehören somit zu einer Population.

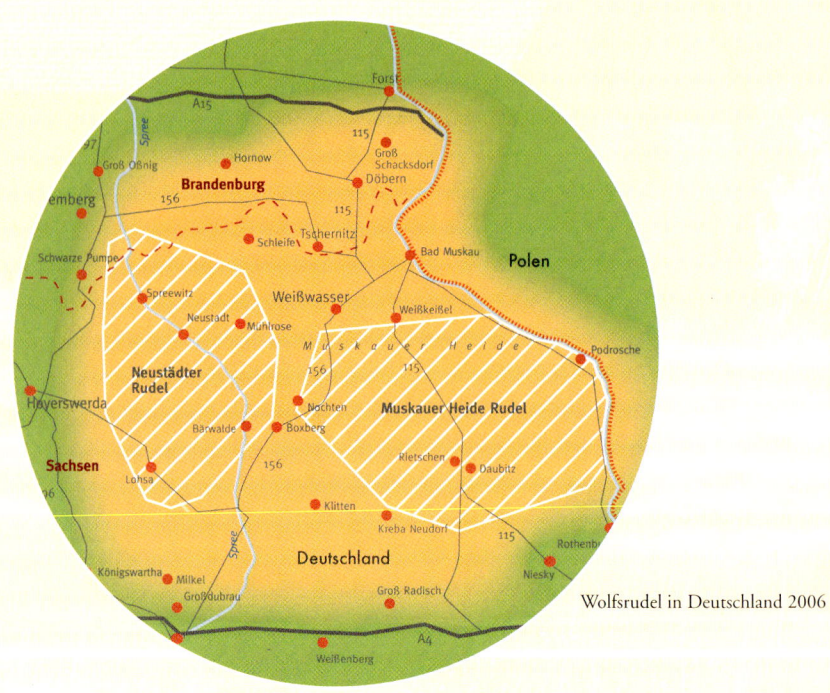

Wolfsrudel in Deutschland 2006

Unheimlich heimlich?

Wer ist schon einmal einem Wolf in der Natur begegnet? Zufällige Sichtungen sind selten. Denn der Wolf meidet die Begegnung mit dem Menschen. Er hinterlässt aber Spuren, die seine Anwesenheit verraten.

Als Jäger großer Beutetiere ist der Wolf sehr vorsichtig. Und dort, wo seine Beute von Menschen bejagt wird und nachtaktiv ist, ist auch der Wolf in erster Linie nachts unterwegs. Seine Umwelt erlebt er vor allem mit Ohr und Nase.

Foto: S. Koerner

Ein ausgezeichnetes Gehör lässt ihn auch sehr leise und hohe Töne wahrnehmen. Schon das für uns kaum hörbare Auslösen einer Kamera schlägt ihn in die Flucht. Dank der Trichterform und Beweglichkeit seiner Ohren kann er die Quelle exakt orten und versucht seitwärts zu entkommen.

Weil Sichtungen so selten sind, nutzen Wildbiologen indirekte Beobachtungen, um Einblicke in das Leben der Wölfe zu gewinnen. Die Spuren, die der Wolf in seinem Revier hinterlässt, Pfotenabdrücke, Beutereste, Urin- und Kotmarkierungen, geben erstaunlich viel über seine Lebensweise preis.

Foto: LUPUS

Riss vom Rothirschkalb

Foto: S. Koerner

Urinmarkierung im Schnee

Foto: S. Koerner

Kotmarkierung an einer Wegkreuzung

Spuren lesen

Pfotenabdrücke von Wolf und Hund sind oft nur schwer zu unterscheiden. Am Laufstil werden die Unterschiede aber deutlich: Hunde schnuppern mal hier, mal dort und wechseln häufig die Gangart. Der Wolf hingegen läuft ohne Schlenker, gleichmäßig und energiesparend, bis zu 60 km in einer Nacht.

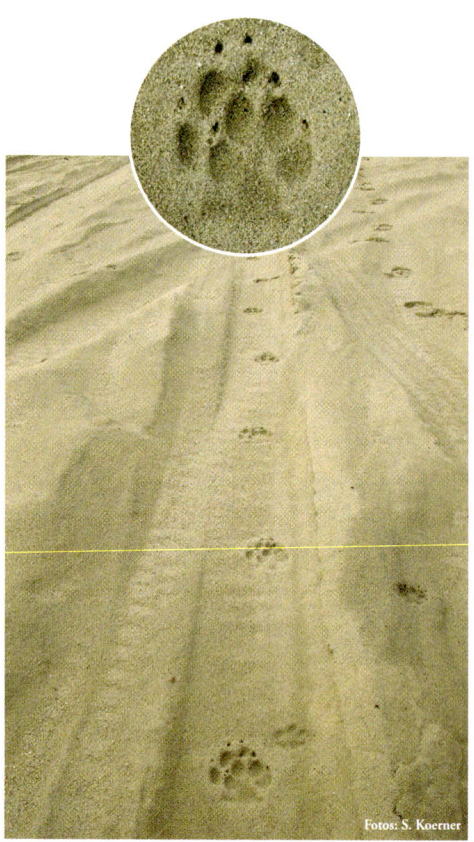

Foto: S. Koerner

Trittsiegel vom Wolf?

Fotos: S. Koerner

Geschnürter Trab

Das Trittsiegel, wie man den Pfotenabdruck auch nennt, ist beim Wolf in der Regel etwas länglicher als beim Hund. Wolfswelpen haben allerdings auch rundliche Trittsiegel. Anhand eines einzelnen Pfotenabdrucks können in vielen Fällen selbst Experten die Frage »Wolf oder Hund« nicht mit Sicherheit beantworten.

Der geschnürte Trab ist ein Erkennungsmerkmal für den Wolf. Nur wenige Hunde beherrschen diese Gangart. Der Wolf setzt dabei die kleinere Hinterpfote exakt in den Abdruck der größeren Vorderpfote derselben Körperseite. Der Abstand zwischen zwei Abdrücken derselben Pfote beträgt mindestens einen Meter.

Nachfolgende Tiere laufen im tiefen Schnee oft in den Abdrücken des vorangehenden Wolfs. Dieses Verhalten macht es selbst für den Wolfskenner schwer, die Größe eines Wolfstrupps einzuschätzen. Er muss dazu die Fährte über eine längere Strecke beobachten. Denn früher oder später »tanzen die Wölfe aus der Spur« und an diesen »Trittfehlern« kann er die Zahl der Tiere in einer Fährte bestimmen.

Foto: S. Koerner

Dicht auf den Fersen

Die Spuren, die der Wolf zurücklässt, geben indirekt Aufschluss über Anzahl, Nahrung, Verwandtschaft und Verbreitung dieser heimlichen Tiere. Wollen Biologen aber Details über Verhalten und Gewohnheiten der Wölfe erfahren, müssen sie dem Wolf näher auf den Pelz rücken.

Wildbiologen haben eine Wölfin gefangen, betäubt und ihr ein Halsband mit Sender angelegt. Mittels Richtantenne und Kreuzpeilung können sie das Signal des Senders in sehr günstigem Gelände bis in drei Kilometer Entfernung orten. So können sie der Wölfin in gebührendem Abstand folgen und ihre Lebensweise erforschen, ohne sie zu stören. Ausgerüstet mit Antenne, Kompass und Satellitenortungsgerät geht es im Geländewagen auf die Wolfspirsch.

Noch bei Tage muss der Schlafplatz der besenderten Wölfin gefunden werden. Dazu fahren die Wildbiologen mit dem Auto das Wolfsgebiet ab und stellen fest, wo und aus welcher Richtung das Funksignal des Senders am stärksten ist. Dann messen sie das Signal von verschiedenen Positionen aus mit Karte und Kompass ein. Ein bewegungslos schlafender Wolf sendet ein gleichmäßiges Funksignal. Wird der Wolf gegen Abend aktiv, so wechselt das Signal in Lautstärke und Geschwindigkeit. Dann gilt es, dem Wolf zu folgen und dabei in kurzen Zeitabständen die Richtung aufzunehmen, in die das Tier läuft. Unterstützt wird die telemetrische Messung durch frische Spuren und gelegentliche Sichtungen. Die Wissenschaftler dokumentieren mit einem Protokoll die nächtlichen Aktivitäten der besenderten Wölfin. Im Folgenden drei Beispiele.

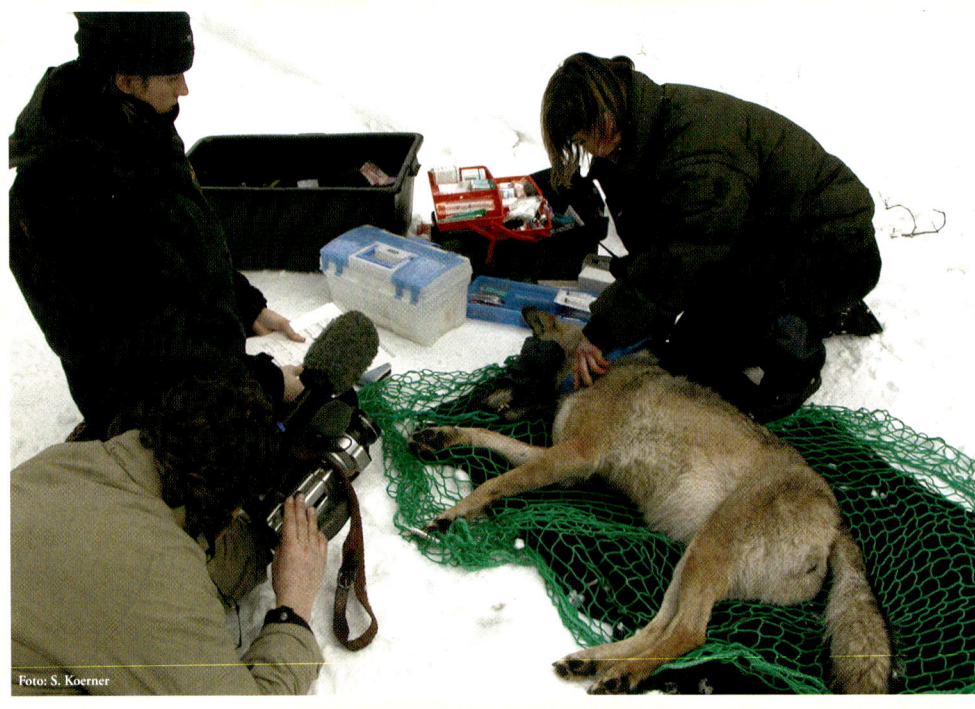

Foto: S. Koerner

Telemetrie-Protokoll
von der Nacht vom 23.11.2004

17:15 Signal »aktiv«. Die Wölfin läuft zügig am Ort Weißkollm vorbei in Richtung Süden.

19:50 Die Wölfin überquert die Bundesstraße und schwimmt durch die Spree.

20:14 Sichtung! Ein Wolf – der Partner der besenderten Wölfin – läuft vor einem hell erleuchteten Bagger in langsamem Galopp über den Weg.

21:08 Das Signal ist jetzt sehr stark. Überquert die Wölfin gleich die Straße? Es knackt – und dann, nur 20 m weiter, trabt die Wölfin über die Schneise.

2:20 – 3:45 Aktives Signal ohne Ortswechsel. Am nächsten Tag findet die Wildbiologin dort ein gerissenes Rotwildkalb.

5:30 Signal »inaktiv«: Nach einer nächtlichen Tour von etwa 50 km legt sich die Wölfin zur Ruhe.

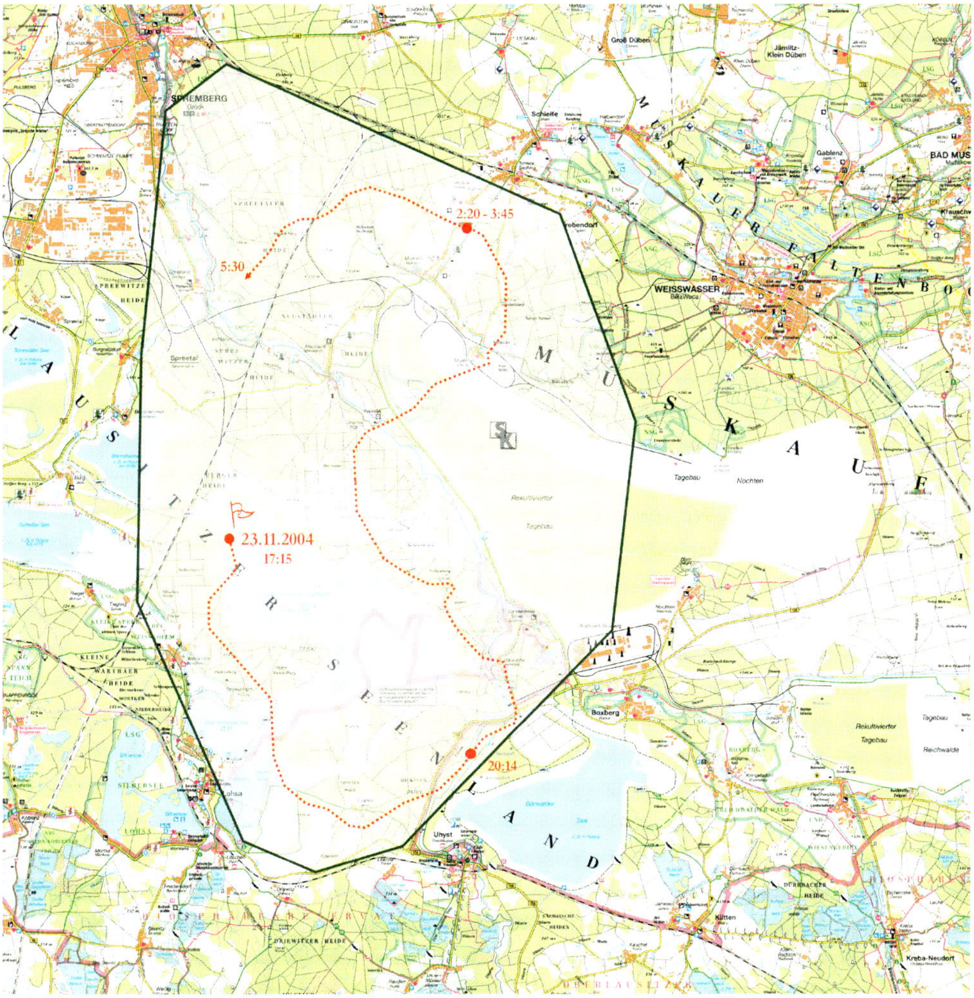

Foto: U. Anders

19:20 Die Wölfin erhebt sich von einem ihrer Lieblingsruheplätze, einer Waldbranddickung, in der sie den Tag verschlafen hat.

20:02 Nach nur 1 km Strecke legt sie schon wieder eine knapp 2-stündige Pause ein. Ein kurzes Aufjaulen ist zu hören – sind hier die Welpen?

1:45 Die Wölfin schwimmt kurz vor dem Ort Döschko durch die Spree.

2:12 Sichtung! Die Wölfin ist nicht allein unterwegs. Sie und ihr Partner überqueren im Scheinwerferlicht eines entgegen kommenden Autos die Spreestraße und laufen Richtung Tagebau.

4:40 Anton, der Herdenschutzhund der nahegelegenen Schäferei schlägt an! Aus der gleichen Richtung kommt das Signal der Wölfin, die sogleich zügig nach Norden weiter läuft. Anton bellt noch etwa 5 Minuten weiter.

5:02 Die Wölfe sind auf dem Rückweg. Diesmal machen sie einen deutlichen Bogen um Anton und seine Schafherde.

7:05 Signal »inaktiv« aus der Waldbranddickung, nur 100 m von der Stelle entfernt, an der die nächtliche Tour (35 km) begann.

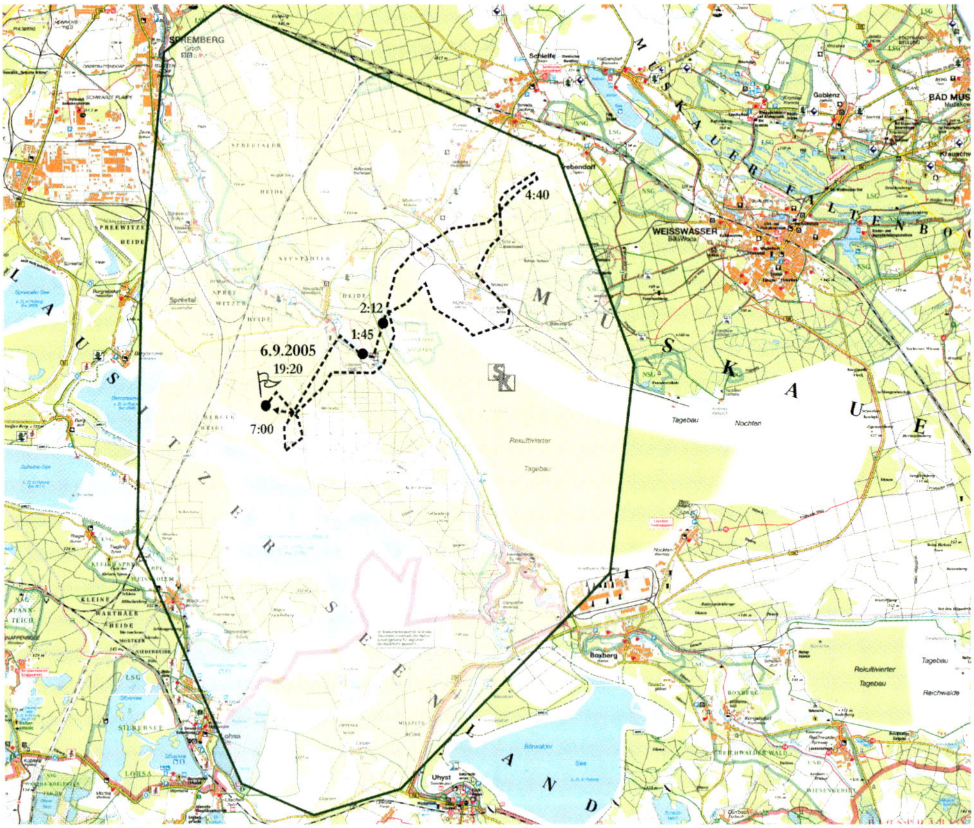

Telemetrie-Protokoll
von der Nacht vom 15.11.2005

16:55 Die Wölfin wird munter und trottet gemächlich Richtung Osten los. Zwei Meter neben dem Auto der Wildbiologin sitzt ein Hase.

21:00 Die Wölfin schlüpft unter dem lärmenden Kohleförderband durch. Direkt vor ihr thront das Kraftwerk Boxberg, hell erleuchtet wie ein Weihnachtsbaum.

1:00 Auf der Trasse der Energieleitung sind trotz Regens deutlich die Abdrücke zweier Wölfe zu sehen – die Wölfin wird also wieder von ihrem Partner begleitet.

7:18 Sichtung! Einer der 6 Monate alten Welpen steht 100 m entfernt am Wegrand, dann ist er verschwunden. Keine 30 Sekunden später kommt der Rüde aus der Dickung. Offensichtlich hat sein Sprössling ihn nicht gewarnt. Als er die Wildbiologin bemerkt, fällt er in Galopp und verschwindet schnell auf der anderen Wegseite im Dickicht.

9:00 Auf der Baggertrasse sind frische Spuren vom Rüden zu sehen. Die Wölfin läuft parallel dazu im Wald in die gleiche Richtung.

Endlich um **9:10** zeigt der Signalton an, dass die Wölfin schläft. In dieser langen Nacht hat sie 58 km zurückgelegt.

Wolfsmahlzeit

Was wir über das Nahrungsspektrum des Europäischen Wolfes wissen, haben wir zahlreichen Rissfunden und besonders der Untersuchung von Kotfunden (Losung) frei lebender Wölfe zu verdanken. Die unverdauten Nahrungsreste in der Wolfslosung geben Einblick in deren Speiseplan.

Foto: S. Koerner

Unter dem Mikroskop lassen sich in der Wolfslosung enthaltene Haare, Knochensplitter und Zähne den verschiedenen Beutetierarten zuordnen und geben so Aufschluss über die Zusammensetzung der Nahrung. Manchmal finden sich in der Losung sogar noch Hufe des Beutetiers. Aus solchen Untersuchungen wissen wir, dass die Lausitzer Wölfe vor allem Rehwild, die ostpolnischen mehr Rotwild fressen.

Für die Nahrungsanalyse wurden 2001 bis 2006 in der Lausitz mehr als Tausend Wolfslosungen gesammelt und einzeln im Labor untersucht. Doch frische Losung verrät sogar noch mehr: Mit dem Kot scheidet der Wolf auch eigene Darmzellen aus. Diese ermöglichen die Erstellung eines genetischen Fingerabdrucks und tragen zur Klärung von Verwandtschaftsbeziehungen bei. So wurde festgestellt, dass die Neustädter Wölfin eine Tochter des benachbarten Muskauer Heide Paares ist. Ihr Gefährte dagegen ist 2004 aus Polen zugewandert. Außerdem wurde nachgewiesen, dass die nächsten Verwandten der deutschen und polnischen Lausitzer Wölfe in Ostpolen leben.

Foto: S. Koerner

Europäische Wölfe ernähren sich überwiegend von Huftieren. Die Beutewahl richtet sich nach dem regionalen Wildbestand: das sind in Mitteleuropa vor allem Rotwild, Rehwild und Wildschwein, im Norden kann auch der Elch zur Hauptnahrung der Wölfe gehören.

Ein erwachsener Wolf benötigt pro Tag etwa 4 kg Nahrung. Für einen Lausitzer Wolf besteht diese zu einer Hälfte aus Rehwild, zur anderen Hälfte aus Rotwild und Wildschwein. Mufflon und Feldhase fallen hier kaum ins Gewicht. Andere Nahrung wie Mäuse, Hühner, Abfall, Fische, Vögel oder Hausschafe wurden nur vereinzelt in den Lausitzer Wolfslosungen gefunden. Sie machen insgesamt nicht einmal 1% der Masse aus. In den italienischen Apenninen und in Portugal sind Haustiere dagegen eine wichtige Nahrung für Wölfe. Dort gibt es nur wenige wilde Huftiere, aber viele ungeschützte Schafe.

Im Jahr verzehrt ein ausgewachsener Lausitzer Wolf im Schnitt 85 Huftiere, und davon etwa die Hälfte Jungtiere. Hochgerechnet auf ein 8-köpfiges Rudel, das sich aus zwei Elterntieren, zwei Jährlingen und vier Welpen zusammensetzt, ergibt dies einen Bedarf von 510 wildlebenden Huftieren pro Jahr und Revier. Ein Revier misst in der Lausitz etwa $240 - 330$ km^2.

46%

3%

25%

2%

24%

Anteil der jeweiligen Beutetiere am Gesamtgewicht der untersuchten Kotproben

15

Ein Wolf kann in kurzer Zeit bis zu 10 kg Fleisch verschlingen. Wird er nicht gestört, so kehrt er in den folgenden Nächten zurück und frisst die Reste. Viel bleibt von der Beute nicht übrig. Trotzdem lassen sich an frischen Rissen oft noch Geschlecht, Alter und Gesundheitszustand der Beute ablesen.

Foto: R. Kaminski

Anhand dieser *Rissanalysen* wissen wir, dass die Lausitzer Wölfe viele Jungtiere, aber auch kranke und verletzte Tiere erbeuten. Große, wehrhafte Tiere, wie Hirsch und Keiler, werden selten angegriffen und getötet. Denn längst nicht jede Hatz ist erfolgreich und der Wolf versucht einen Kampf und Verletzungen zu vermeiden.

Foto: H. Ansorge

Riss vom Hirschkalb

Durch ihre Territorialität jagen immer nur wenige Wölfe – eine Familie – auf einer großen Fläche. Ihr Jagderfolg und die Anzahl der Welpen, die ernährt werden können, hängen von der Beutetierdichte im Territorium ab. Diese ändert sich von Jahr zu Jahr, beeinflusst z. B. vom Wetter und Futterangebot. Niedrige Beutetierdichten haben kleinere Wolfsfamilien zur Folge. So werden Wölfe ihre Beute in aller Regel nicht ausrotten.

Foto: E. Hecker

Eine Ausnahme sind die Mufflons, Wildschafe, die in den 70er-Jahren in die Lausitz eingeführt wurden. Mufflons stammen ursprünglich aus Sardinien und Korsika. Ihre Taktik der Feindvermeidung – das Ausweichen in steile Felshänge – lässt sich in der flachen Lausitz nicht praktizieren. Daher sind sie eine leichte Beute für den Wolf.

Kalte, schneereiche Winter sind gut für Wölfe. Das geschwächte Reh- und Rotwild sinkt mit den Hufen tief im Schnee ein, so dass es leicht eingeholt und überwältigt werden kann. Außerdem finden die Wölfe jetzt öfter verendete Tiere, eine Mahlzeit ohne Jagdaufwand.

Foto: F. Hecker

Wölfe und ihre Spuren werden bei Schnee häufiger in der Nähe von Siedlungen beobachtet. Man folgerte irrtümlich, dass die Wölfe im Winter hungern und auf der Suche nach Nahrung in die Siedlungen einfallen. Tatsächlich streifen sie zu jeder Jahreszeit auf ihren nächtlichen Touren auch an Ortschaften vorbei, ohne dass es den Bewohnern auffällt. Im Schnee sieht man sie und ihre Spuren aber besser als im Sommer.

Foto: I. Opitz

Foto: P. Cairns

Der Wolf spürt seine Beute vor allem mit der Nase auf. Bei günstigen Windverhältnissen kann er sie aus bis zu zweieinhalb Kilometern Entfernung wittern. Deshalb laufen Wölfe bei der Nahrungssuche gerne gegen den Wind.

Seine überragende Riechleistung verdankt der Wolf einer 150 cm² großen Riechschleimhaut. Die für das Riechen zuständige Oberfläche ist damit 30 mal größer als die des Menschen.

Familienbande

Wölfe leben in Rudeln. Ein Rudel ist eine Familie und setzt sich aus einem Elternpaar, den diesjährigen Welpen und den Jungtieren des Vorjahres zusammen. Die Größe des Territoriums, das ein Rudel für sich beansprucht, hängt in erster Linie von der Beutetierdichte vor Ort ab.

Fotos: S. Koerner

Drei Monate alte Welpen am Rendezvous-Platz

Fotos: S. Koerner

Die Muskauer Wölfin und ihre Welpen

Die beiden Lausitzer Rudel bestanden im Frühsommer 2006 jeweils aus 2 Elterntieren, 5 Jährlingen und 8 bzw. 6 Welpen. Im Herbst 2006 wurden nur noch je 1 – 3 Jährlinge im Revier der Eltern festgestellt. Durch die obligatorische Abwanderung der Jährlinge aus dem elterlichen Revier bleibt die Rudelgröße über die Jahre relativ gleich. Da jedes Elternpaar ein Territorium für sich beansprucht und gegen fremde Wölfe verteidigt, ist auch die Wolfsdichte eines Gebietes konstant.

Nur durch Ausbreitung auf neue, zuvor wolfsfreie Gebiete kann sich der Bestand vergrößern.

Wolfsreviere messen in Europa zwischen 80 und 1500 km². Entscheidend ist die Beutedichte im Gebiet. Gibt es viel Beute, so genügt dem Rudel ein relativ kleines Revier, um sich nachhaltig zu ernähren. Die beiden Lausitzer Wolfsrudel nutzten 2006 insgesamt ein etwa 700 km² großes Gebiet, das sich durch einen hohen Waldanteil und viel Wild auszeichnet. Es umfasst forst- und landwirtschaftliche Nutzflächen, zwei große Truppenübungsplätze und eine Bergbaulandschaft.

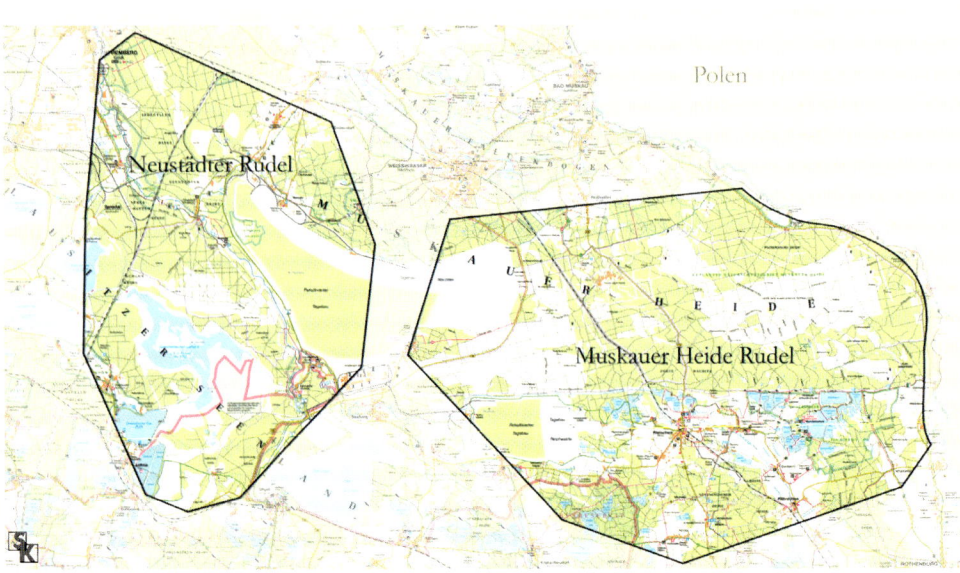

In freilebenden Wolfsfamilien gibt es keine Hierarchie, in der die Wölfe ihre Position erkämpfen und behaupten müssen. Vielmehr verfügen die Eltern über eine natürliche Autorität gegenüber ihren Welpen. Die Welpen sind von ihren Eltern abhängig und ohne sie nicht überlebensfähig.

Foto: U. Anders

Den legendären Alpha-Wolf, der das Rudel befehligt, zuerst frisst und sich als einziger verpaaren darf, oder den Omega-Wolf, den Prügelknaben des Rudels, gibt es nur in Wolfsgehegen. Menschen zwingen dort mehrere erwachsene, geschlechtsreife Wölfe auf engstem Raum miteinander zu leben. Die Ausbildung einer natürlichen Rudelstruktur ist hier nicht möglich.

Foto: F. Hecker

In der Natur ist das Rudel meist eine Kleinfamilie, in der die Eltern und einjährigen Geschwister sich um die Aufzucht der Welpen kümmern. Es muss keine günstige Fortpflanzungsposition erkämpft werden. Denn weibliche und männliche Jungwölfe wandern vor ihrer Geschlechtsreife aus dem elterlichen Revier ab und suchen sich ein eigenes und einen Partner.

Foto: S. Koerner

Der Muskauer Heide Wolf weist einen seiner Welpen zurecht

Eine Inzestsperre verhindert in aller Regel die Fortpflanzung zwischen Wolfseltern und ihren Welpen sowie zwischen Geschwistern. In Gebieten, in denen nur wenige, nahe miteinander verwandte Wolfsrudel leben, ist es deshalb schwierig, einen passenden Partner zu finden.

Foto: K.-H. Trippmacher

Foto: R. Kaminski

Fremd erscheint uns dagegen das Heulen der Wölfe. Nur wenige Hunde heulen noch. Der Wolf dagegen heult aus unterschiedlichen Anlässen: So kann das Heulen in der Gruppe den Zusammenhalt fördern, das Rudel auf die Jagd einstimmen oder fremde Wölfe abschrecken. Mit einzelnen kurzen Heulrufen, dem sogenannten »Kontaktheulen«, teilen Wölfe ihren Angehörigen ihre Position mit.

Damit das Zusammenleben im Rudel funktioniert, bedarf es einer guten Verständigung zwischen den Wölfen. Ihr Knurren, Heulen und Winseln ist vielfältig und jeder Laut hat eine eigene Bedeutung. Gemeinsames Heulen stärkt die Gemeinschaft und dient der Abgrenzung gegen andere Rudel.

Wenn Wölfe winseln, kann das Angst, Ergebenheit oder Freude ausdrücken. Wollen sie einem Familienmitglied drohen, knurren sie. Wittern sie dagegen Gefahr, so warnen die älteren Wölfe einander durch Bellen. Diese Lautäußerungen sind für uns relativ leicht zu interpretieren, denn unsere Hunde verwenden sie auf ähnliche Weise und mit vergleichbarer Bedeutung.

Mit lang anhaltendem Heulen suchen einsame Wölfe nach einem Partner. 2004 war die Neustädter Wölfin noch ohne Partner und machte einem Neustädter Haushund den Hof. Die Bewohner von Neustadt hörten sie nächtelang heulen.

Foto: E. Hecker

Foto: Natur- und Umweltpark Güstrow

Die Welpen betteln beim Muskauer Heide Wolf

Wollen Welpen, dass ein Elterntier ihnen Nahrung vorwürgt, so stupsen und lecken sie seine Mundwinkel. Auch wenn die ausgewachsenen Jährlinge längst feste Nahrung zu sich nehmen, signalisieren sie mit diesem Verhalten, dass sie immer noch von den Eltern abhängig sind. Ihre Demut zeigen sie außerdem, indem sie sich klein machen, den Schwanz zwischen den Hinterbeinen einklemmen oder sich auf den Rücken legen und Hals und Bauch präsentieren.

Mit Mimik und Körpersprache untermalen Wölfe ihre Lautäußerungen. Gefletschte Zähne signalisieren Aggression, ein eingekniffener Schwanz bedeutet Angst oder Unterwerfung. Zum A und O einer guten Fernunterhaltung von Wolf zu Wolf gehört auch eine gekonnt platzierte »Duftbotschaft«.

Im Spiel lernen die Welpen zu kommunizieren

Revierbesitzer platzieren Urin und Losung an auffälligen Stellen – zum Beispiel an vorstehenden Steinen oder einzelnen Grasbüscheln auf Wegen und Kreuzungen. In besonders hoher Zahl setzen sie diese Duftmarken entlang der Grenze ihres Territoriums ab. Sie markieren vor allem mit Urin, den sie alle paar Hundert Meter abgeben. So hinterlassen sie deutliche Botschaften an vorbeiziehende Wölfe oder das Nachbarrudel, wie »dieses Revier ist besetzt« oder »dringend Partner gesucht«.

Foto: S. Koerner

Foto: S. Koerner

Vom Welpen zum Wolf

Wolfswelpen sind Nesthocker. Sie kommen blind, taub und hilflos zur Welt. In der Regel verbringen sie die ersten 1,5 bis 2 Jahre im elterlichen Territorium. Während dieser recht langen Jugendzeit lernen sie viel von Eltern und Geschwistern: wie man jagt, heult oder Welpen aufzieht.

❶ **April/Mai:** Nach einer Tragzeit von rund 63 Tagen, wirft die Wölfin meist 4–6 Welpen. Ein selbstgegrabenes Erdloch, der Wurfbau, dient als Kreißsaal und erstes Kinderzimmer.

❷ **3 bis 8 Wochen:** Die Welpen verlassen immer öfter den Wurfbau und lernen die anderen Rudelmitglieder kennen. Zusätzlich zur Muttermilch bekommen sie jetzt auch schon vorverdautes Fleisch, das die älteren Geschwister und die Eltern für sie hervorwürgen.

❸ **Ab 9 Wochen:** Die Eltern verlagern das Familienzentrum auf einen abgelegenen, geschützten »Rendezvous-Platz«. Hier verbleiben die Welpen ganztägig und die älteren Rudeltiere finden sich zur Welpenfütterung ein.

❹ **6 Monate/Herbst:** Der Rendezvous-Platz wird aufgegeben. Die Welpen sind jetzt fast so groß wie die Altwölfe und folgen den Eltern auf deren Jagdzügen.

❺ **1 Jahr:** Geburt der nächsten Geschwistergeneration.

❻ **1 bis 2 Jahre:** Die Jährlinge sind oft schon alleine im elterlichen Revier unterwegs. Manche kümmern sich auch als Babysitter oder Futterlieferant um die jüngeren Geschwister.

Mit 11 bis 22 Monaten, spätestens aber mit dem Einsetzen der Geschlechtsreife, verlassen die Jährlinge, Männchen wie Weibchen, das Rudel auf der Suche nach Revier und Partner. Oft macht sich eine Gruppe von Wolfsgeschwistern gemeinsam auf den Weg und trennt sich erst nach und nach.

Von 16 Jungwölfen, die zwischen 2000 und 2005 in den beiden Lausitzer Rudeln aufwuchsen, hat es – soweit bekannt – nur eine Wölfin zu Revier und Partner gebracht. Sie gründete unweit des elterlichen Reviers das Neustädter Rudel. Was geschah mit den anderen Jungwölfen?

Foto: J. Noack

Zwei Geschwister des Muskauer Heide Wurfs 2005 streifen im Januar 2007 durch das elterliche Revier

Einige starben wahrscheinlich bereits als Welpen im elterlichen Revier. Von den abwandernden Wölfen hat vermutlich auch der eine oder andere den Weg über die Neiße nach Polen genommen und eventuell dort ein Revier gegründet. Weitere Jungwölfe fanden möglicherweise im Straßenverkehr den Tod. So wurde eine Lausitzer Jungwölfin 2006 in Süd-Brandenburg überfahren.

Es werden immer wieder einzelne Wölfe aus Sachsen, Brandenburg, Bayern und Mecklenburg-Vorpommern gemeldet. Viele Hinweise kommen auch aus den Grenzgebieten zu Polen und Tschechien. Ob es sich hierbei um bereits in Deutschland geborene Wölfe oder um Grenzgänger handelt, lässt sich derzeit nicht beantworten. Eine Klärung kann nur durch eine genetische Untersuchung erfolgen.

Foto: U. Anders

Gesucht!
Europäischer Grauwolf
Canis lupus lupus

Besondere Kennzeichen:
· hochbeinig
· grau-braune Fellfärbung
· helle Schnauze, Wangen und Ohreninnenseiten
· schwarze Schwanzspitze
· gelb-grüne Augen

Wolfsichtungen oder -spuren melden Sie bitte an die zuständigen Naturschutzbehörden.
In Sachsen an das
Kontaktbüro »Wolfsregion Lausitz«
Tel: 035772-46762 oder das
Wildbiologische Büro LUPUS,
Tel.: 035727-57762

Foto: U. Anders

Alte Verwandtschaft

Der Mensch domestizierte den Wolf vor über 16.000 Jahren. Damals begleitete der Hund den Menschen bei der Jagd und schützte Haus, Hof und Vieh. Heute gibt es über 400 Hunderassen. Manche von ihnen – wie der Deutsche Schäferhund und der Sibirische Husky – ähneln dem Wolf sehr.

Foto: Pixelio.de

Deutscher Schäferhund

Wölfe sind die Vorfahren unserer Hunde. Beide gehören zur gleichen Art, treffen aber nur noch selten direkt aufeinander. Dennoch sprechen Wolf und Hund noch immer annähernd dieselbe Sprache und können sich auch miteinander fortpflanzen. Zumeist kommunizieren beide über Duftbotschaften miteinander. Tagsüber markieren die Hunde »ihr Revier«, nachts werden die Markierungen von den Wölfen »überschrieben«.

Kommt es zur Begegnung zwischen Wolf und Hund, verläuft diese nicht immer reibungslos. In fast allen bekannten Fällen folgte der Hund der Wolfsspur und stellte den Wolf. Es kann dann vorkommen, dass der Wolf den Hund ignoriert. Sieht der Wolf im Hund aber einen Eindringling und nicht etwa einen potenziellen Paarungspartner, so kann er aggressiv reagieren wie auf einen fremden Wolf, der in sein Revier eindringt. Deshalb sollten Hunde im Wolfsgebiet generell an der Leine geführt werden.

Spielende Huskys

Foto: Pixelio.de

Hunde unterscheiden sich nicht nur in ihrem Aussehen von ihren wilden Verwandten, sondern auch im Verhalten. Ihre Mimik ist im Vergleich zum Wolf sehr eingeschränkt. Der Wolf hält seine buschige Rute in Ruhe senkrecht nach unten und lässt die eher kleinen, dreieckigen Ohren nie hängen.

Ein einzelner Wolf kann sehr unterschiedlich aussehen, je nachdem ob er gerade das kurze Sommerfell oder den dicken Winterpelz trägt.

Foto: B. Lind

Zwei Parson Russell Terrier, Sennenhund Mix, Border Collie

Foto: F. Hecker

Wolf im Winter

Wolf im Sommer

Foto: F. Hecker

Wolf oder Hund? Der »Tschechoslowaki-
sche Wolfshund« sieht dem Wolf sehr
ähnlich. Die anerkannte Hunderasse
entstand im 20. Jahrhundert durch Ver-
paarungen von Wölfen und Deutschen
Schäferhunden. Hundetypisch sind im
Vergleich zum Wolf der schmale Kopf, die
dadurch breit wirkende Schnauze und vor
allem die großen Ohren.

Tschechoslowakischer Wolfshund

Foto: M. Sloan

Schwarze Variante einer nordamerikanischen Wolfsunterart

Aber auch Wolf ist nicht gleich Wolf. In
Eurasien und Amerika sind 13 Unterarten
von *Canis lupus* beschrieben. Diese
unterscheiden sich teilweise deutlich in
Fellfärbung oder Körpergröße voneinander.

Sehr helle Variation des Europäischen Grauwolfs

Hybrid-Welpen

Not macht erfinderisch: Findet ein Wolf keinen Partner, paart er/sie sich ausnahmsweise auch mit einem Hund. Aus dieser ungleichen Vereinigung entstehen Mischlingswelpen. Die Wahrscheinlichkeit dafür ist umso größer, je weniger Wölfe und je mehr streunende Hunde in einem Gebiet vorkommen.

Anfang 2003 paarte sich eine partnerlose Lausitzer Wölfin mit einem Haushund und brachte neun Wolf-Hund-Hybriden zur Welt. Der Hundevater war den Welpen an den großen Ohren deutlich anzusehen.

Bis zum Winter überlebten nur vier der Welpen. Um die kleine Lausitzer Wolfspopulation nicht mit Hundegenen zu durchsetzen, beschlossen die sächsischen Wolfsbeauftragten, die Hybrid-Welpen einzufangen und in einem Wolfsgehege unterzubringen. Zwei Hybrid-Welpen konnten Anfang 2004 eingefangen werden, von den beiden anderen fehlte kurz darauf jede Spur. Seit 2004 lebt die »Neustädter« Wölfin mit einem aus Polen zugewanderten Wolfsrüden und die beiden ziehen seit 2005 gemeinsam Welpen auf.

Wolf-Hund-Hybriden sind grundsätzlich überlebens- und fortpflanzungsfähig. Solche, die unter Wölfen aufwuchsen, sind genauso vorsichtig wie echte Wölfe. Auch die Erfahrungen aus anderen Regionen, in denen Wölfe und Hunde sich vereinzelt verpaaren, haben gezeigt, dass von den Hybriden keine besondere Gefahr für den Menschen ausgeht.

Hybrid-Welpen

Dr. Jagd- und Fischereimuseum München

Wolfsjagd – Kupferstich von Johann E. Ridinger

Gestern und Heute

Der Mensch teilte mit dem Wolf schon immer denselben Lebensraum. Seit dem Mittelalter und der Intensivierung von Jagd und Viehzucht wurde der Wolf mit allen Mitteln bekämpft. Denn man befürchtete Verluste bei den Viehherden und sah im Wolf einen Nahrungskonkurrenten um das Wild.

Nach einer Jahrhunderte währenden Ausrottungskampagne verschwand 1904 mit dem »Tiger von Sabrodt« der Wolf aus Deutschland. Auf seine Erlegung war ein hohes Preisgeld ausgesetzt. Interessant ist, dass dieser als »letzter deutscher Wolf« gefeierte Rüde dort lebte, wo der Wolf ein Jahrhundert später wieder Fuß fasste – in der Lausitz. Auch in Polen stellte man den Wölfen nach. Aber dort gelang es nie, sie auszurotten. In den waldreichen Regionen im Süden und Osten des Landes konnten sich die Wölfe halten.

Die Rückkehr der Wölfe in die Lausitz ist nicht in erster Linie als Konsequenz besonders naturnah belassener Landschaften zu sehen. Wölfe sind keineswegs auf unberührte Lebensräume angewiesen. Sie profitieren von den hohen Wilddichten in Forsten und Kulturlandschaften oder nicht ausreichend gesichertem Vieh auf den Weiden.

Foto: S. Koerner

Bergbaufolgelandschaft

Foto: S. Koerner

Truppenübungsplatz Oberlausitz und die Türme des Kohlekraftwerks Schwarze Pumpe

Eine Schafherde stellt für den Wolf eine Ansammlung ungewöhnlich wehrloser Beute dar. Dringt er in den Pferch ein, laufen die Hausschafe ziellos im Kreis herum. Denn fliehen können sie nicht.

Ein Wolf weiß nicht, ob er bald wieder Gelegenheit zum Beutefang haben wird. So kommt es vor, dass er mehr Schafe tötet, als er und das Rudel auf einmal fressen können. Bliebe der Riss ungestört und unentdeckt, würde das Rudel zurückkommen, um nach und nach die getöteten Schafe zu vertilgen.

In dem über 1000 km² großen Gebiet, das die Lausitzer Wölfe 2006 nutzten, weiden mehrere Tausend Schafe. Ihr Schutz ist ein Schwerpunkt des sächsischen Wolfsmanagements. Gute Erfahrungen hat man in der Lausitz mit Elektrozäunen in Kombination mit weißen Elektrolitzen oder –

Im Frühjahr 2002 rissen Wölfe in der Lausitz 33 Schafe.

Foto: K.-H. Trippmacher

immer häufiger – Herdenschutzhunden gemacht. Die Zäune müssen durchgängig und deutlich sichtbar sein und sie müssen regelmäßig kontrolliert werden, da vor allem Wildschweine sie häufig übersehen und umreißen.

Ein Herdenschutzhund wächst unter Schafen auf und nimmt die Schafsherde als Familie an. Nähert sich ein Wolf, schützt der Herdenschutzhund die Schafe, seine »Verwandten«, indem er den Wolf verbellt. Dieser »zieht« dann rasch »Leine«.

Foto: LUPUS

Herdenschutzhund »Anton« und seine Herde

Foto: LUPUS

In europäischen Mythen und Märchen ist »Isegrim«, wie der Wolf volkstümlich genannt wird, ein hinterlistiges und blutrünstiges Raubtier, das auch vor Menschen nicht Halt macht. Noch heute sind die Vorbehalte gegen den Wolf groß. Und wo er auftaucht, bleiben Konflikte nicht aus.

Foto: M. Sloan

Tatsächlich sind Angriffe von gesunden Wölfen auf Menschen in Europa nach umfassenden, wissenschaftlichen Recherchen aber extrem selten. Es gab nur vier glaubwürdige Fälle in den letzten 50 Jahren. Zehn Jahre Erfahrung mit wild lebenden Wölfen in der Lausitz ergaben keinen einzigen Hinweis auf ein aggressives Verhalten von Wolf gegen Mensch.

Seit der Rückkehr des Wolfes nach Deutschland diskutieren Jäger, Wissenschaftler und Naturschützer darüber, welchen Einfluss der Wolf auf die Huftierdichten haben wird.

Aus anderen Regionen, die der Wolf früher wiederbesiedelte, wissen wir, dass seine Einwanderung sich mancherorts gar nicht auswirkt und andernorts zu einer messbaren Dezimierung der Huftiere führt. Eine Prognose ist schwierig. Denn es gibt viele Faktoren, die sich auf Räuber-Beute-Beziehungen auswirken: Nahrung und Rückzugsmöglichkeiten für die Beute, strenge Winter und andere Beutegreifer spielen eine wichtige Rolle.

Ob der Wolf sich dauerhaft halten wird, hängt von der Bereitschaft der Bevölkerung ab, dem Wolf ein Wohnrecht zu gewähren, von den Jägern das Wild mit dem Wolf zu teilen, von den Nutztierhaltern, vorbeugende Maßnahmen zum Schutz ihrer Tiere zu ergreifen und auftretende Verluste zu tolerieren, und schließlich von der öffentlichen Hand diese Verluste finanziell zu kompensieren.

Foto: F. Hecker

Der Wolf ist selbständig nach Deutschland zurückgekehrt. Seit seiner Ankunft versuchen »Wolfsmanager«, seine Rückkehr möglichst konfliktarm zu gestalten. Das Management umfasst die Beobachtung der Wölfe, eine intensive Öffentlichkeitsarbeit und die Beratung von Nutztierhaltern.

Seit 1990 ist der Wolf in Deutschland, seit 1998 in Polen geschützt. Auch das EU-Recht verbietet das Stören, Fangen und Töten von Wölfen. Um Konflikte zwischen Mensch und Wolf zu minimieren und den vom Gesetz geforderten Schutz zu gewährleisten, arbeiten in Sachsen seit 2002 das »Wildbiologische Büro LUPUS« (Wolfsmanagement), das Staatliche Museum für Naturkunde Görlitz (Nahrungsanalysen) und das Kontaktbüro Wolfsregion Lausitz (Öffentlichkeitsarbeit) eng zusammen.

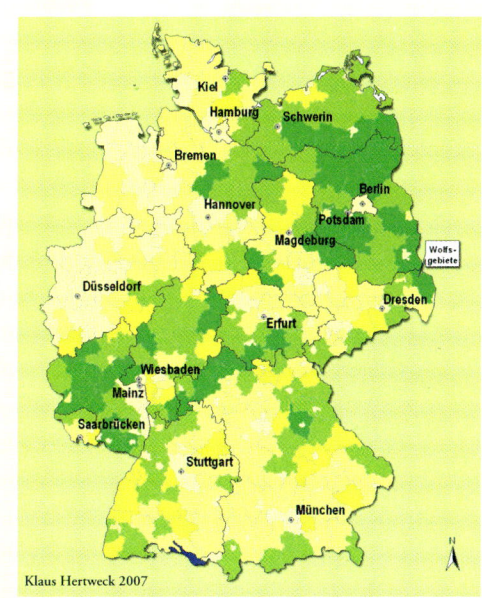

Klaus Hertweck 2007

Foto: U. Anders

Wo wird der Wolf in 20 Jahren leben? Ob Wölfe außerhalb der Lausitz in Deutschland heimisch werden, kann niemand vorhersagen. Hinsichtlich verschiedener Kriterien bieten die grün dargestellten Regionen vermutlich gute Lebensbedingungen für den Wolf. Denn sie ähneln den Lausitzer Wolfsgebieten in Landschaftsstruktur, Bevölkerungsdichte und Nahrungsangebot.

Wichtige Voraussetzung für den langfristigen Erhalt des noch sehr kleinen Lausitzer Bestandes ist die regelmäßige Zuwanderung aus Ost- und Süd-Polen (dort leben 500–600 Wölfe). Die Bestandsentwicklung der polnischen Populationen ist somit auch entscheidend für die Lausitzer Wölfe.

Dank

Unser Dank gilt Allen, die zum Erstellen dieses Ausstellungsführers beigetragen haben, insbesondere den Sponsoren, ohne die eine Finanzierung nicht möglich gewesen wäre. Nicht zuletzt gilt unser Dank den Mitarbeitern des Museums, die am Gelingen der Ausstellung wesentlichen Anteil haben.

Hallo Nachbar. Ahoj sousede. Cześć sąsiedzie.

DIESES PROJEKT WIRD VON DER EUROPÄISCHEN UNION KOFINANZIERT

Sachsen Kartographie GmbH Dresden